LES LICHENS

DOIVENT-ILS CESSER DE FORMER UNE CLASSE DISTINCTE DES AUTRES CRYPTOGAMES

EXAMEN CRITIQUE

DE LA

THÉORIE DE M. SCHWENDENER

PAR

TH. BRISSON, DE LENHARRÉE

MEMBRE DE LA SOCIÉTÉ D'AGRICULTURE, COMMERCE, SCIENCES ET ARTS DU DÉPARTEMENT DE LA MARNE

Ce Mémoire a été présenté à la Société d'Agriculture, Commerce, Sciences et Arts de la Marne, le 1er juillet 1877 et lu le 15 du même mois.

CHALONS-SUR-MARNE

IMPRIMERIE T. THOUILLE, RUE D'ORFEUIL, N° 3

1877

LES LICHENS

LES LICHENS

DOIVENT-ILS CESSER DE FORMER UNE CLASSE DISTINCTE DES AUTRES CRYPTOGAMES

EXAMEN CRITIQUE

DE LA

THÉORIE DE M. SCHWENDENER

PAR

TH. BRISSON, DE LENHARRÉE

MEMBRE DE LA SOCIÉTÉ D'AGRICULTURE, COMMERCE, SCIENCES
ET ARTS DU DÉPARTEMENT DE LA MARNE

Ce Mémoire a été présenté à la Société d'Agriculture, Commerce, Sciences et Arts de la Marne, le 1er juillet 1877 et lu le 15 du même mois.

CHALONS-SUR-MARNE

IMPRIMERIE F. THOUILLE, RUE D'ORFEUIL, N° 3

1877

LES LICHENS

DOIVENT-ILS CESSER DE FORMER UNE CLASSE DISTINCTE DES AUTRES CRYPTOGAMES

EXAMEN CRITIQUE

DE LA

THÉORIE DE M. SCHWENDENER

Les naturalistes sont toujours très-divisés sur le rang que doivent occuper les Lichens, parmi les plantes inférieures. MM. Fries et Nægeli les placent parmi les Algues, Acharius en compose une classe distincte des autres cryptogames, d'autres comme Payer après Adanson en font une famille de la classe des champignons, enfin M. Schwendener au jugement de plusieurs cryptogamistes aurait tranché la question en présentant les Lichens comme une production composée d'une Algue et d'un Champignon.

C'est surtout dans un mémoire publié à Bâle en 1869 (1) que M. Schwendener prétend établir que les gonidies des Lichens sont des Algues, dont le mode normal de végétation est plus ou moins troublé par un champignon parasite, et il donne la liste des Algues reconnues par lui comme

(1) C'est en 1868 que M. Schwendener a publié pour la première fois des travaux sur cette hypothèse.

pouvant servir de plantes nourricières aux Champignons-Lichens dont elles forment les gonidies.

Mais en 1852, M. Tulasne, dans un mémoire pour servir à l'histoire organographique et physiologique des Lichens, avait constaté que les cellules mères (gonidies) naissent directement des filaments de la médulle ou continuent le tissu cortical à l'intérieur du thalle (1).

Les cryptogamistes ont donc devant eux deux théories complètement opposées: celle de M. Tulasne, d'après laquelle les gonidies appartiennent aux Lichens, et celle de M. Schwendener qui prétend que les gonidies sont des Algues enveloppées dans un champignon parasite.

La théorie de M. Schwendener a été appuyée ou combattue par de savants observateurs.

Disons un mot de chacun des principaux mémoires qui ont été écrits sur la question des gonidies.

On sait que ce sont MM. Famintzin et Baranetzky qui ont fait les premiers des recherches sur la vie indépendante des gonidies et que M. Schwendener a pu se servir de leurs travaux pour établir sa théorie en substituant à leur hypothèse une autre hypothèse (2).

(1) Il est à remarquer que cette observation s'applique seulement à quelques espèces de Lichens, car p. 22 mém. Lich., M. Tulasne a constaté que la chlorophylle (gonidies) se forme dans les cellules parenchymateuses de la couche corticale.

D'ailleurs que les corps chlorophylliens (gonidies) naissent des cellules filamenteuses de la médulle ou des cellules parenchymateuses corticales, ils sont dans l'un et l'autre cas produits par le thalle des Lichens.

(2) Disons tout d'abord que cette hypothèse a dû être inspirée, à M. Schwendener, par le mémoire de M. De Bary (*Morphologie und Physiologie der Pilze, Flechten und Mixomyceten*, p. 291), publié en 1866, dans lequel il expose (par rapport à la discussion de

MM. Famintzin et Baranetzky ont prétendu que les gonidies des Lichens hétéromères à chlorophylle (*Physcia*, *Evernia*, *Cladonia*), comme aussi des hétéromères à phychochrome (*Peltigera*) et des gélatineux (*Collema*), sont capables de mener, en dehors du thalle du Lichen, une vie tout à fait indépendante.

Selon ces auteurs, les gonidies, par leur mise en liberté, semblent élargir leur cercle de végétation ; celles des *Physcia*, *Evernia*, *Cladonia*, se transforment en zoospores ; celles des *Peltigera* passent à un état de repos qui précède le retour à leur activité fonctionnelle et prépare leur multiplication par voie endogène. Enfin quelques-unes (et peut-être beaucoup) des formes regardées jusqu'aujourd'hui comme des Algues, doivent être considérées comme des gonidies de Lichens vivant isolément. Ils citent comme tels, les *Cystococcus*, *Polycoccus*, *Microcystis* et *Nostoc*.

Certains auteurs, comme MM. Petrowsky, de Jaroslaw (naturalistes Russes), ont mis en doute les résultats que MM. Famintzin et Baranetzky prétendent avoir obtenus. M. Petrowsky, pense que les zoospores obtenues par ceux-ci dans leurs expériences sur les gonidies extraites du thalle

quelques espèces de Collemacées) que : « Ou bien les Lichens en question sont les états complètement développés et fructifiés de végétaux dont les formes encore imparfaites ont été placées jusqu'à présent parmi les Algues sous les noms de Nostochinées et de Chroococcacées ; ou bien, au contraire, les Nostochinées et Chroococcacées sont des Algues qui prennent la forme de *Collema*, *Ephebe*, etc., parce que certains Ascomycètes parasites introduisent leur mycelium dans le thalle en voie de développement, etc. »

Ce simple exposé que M. De Bary fit paraître avant le mémoire de MM. Famintzin et Baranetzky a pu suffire pour persuader à M. Schwendener de substituer à l'hypothèse de ces derniers une nouvelle hypothèse.

des Lichens, étaient simplement dues à des Algues unicellulaires qui s'étaient introduites accidentellement dans le champ des observations. *Voyez page 30 renvoi.*

Auteurs qui admettent la théorie de Schwendener.

M. De Bary, partageant les idées introduites dans la science par M. Shwendener, place les Lichens parmi les champignons-groupe ou ordre des Ascomycètes, après la famille des Discomycètes. Dans une note qu'il a publiée dans le Botanische Zeitung 1870, il regarde l'opinion de M. Schwendener comme très-vraisemblable, mais non démontrée.

M. Max Reess a consacré à la démonstration de la théorie de M. Schwendener un mémoire sur un cas particulier.

Les spores du *Collema Glaucescens*, semées sur le *Nostoc lichenoides*, ou germant dans la nature sur une de ses plaques, développent un mycelium qui pénètre assez promptement dans l'intérieur de l'enveloppe gélatineuse du *Nostoc*, s'y ramifie, puis constitue un thalle semblable à celui du *Collema*; les filaments extérieurs de ce mycelium sont identiques aux poils radiculaires du Lichen. D'un autre côté ces poils radiculaires, s'ils arrivent au contact d'une autre colonie de *Nostoc*, s'y insinuent et y développent bientôt un autre *Collema*. *Voy.* pl. 1, fig. 6.

M. Max Reess a prévu qu'on objecterait qu'il n'y avait point là de champignon connu d'une manière indépendante ; aussi s'est-il empressé de dire qu'il considérait le *Collema Glaucescens* comme un champignon parasite qui forme par son introduction dans les colonies d'un *Nostoc* un Lichen gélatineux.

Cette démonstration a fourni le sujet de remarquables

critiques à MM. Caspary : *Mémoire concernant les nouvelles opinions sur les Lichens*, Kœnigsberg, 1875. Kœrber : *Botanische zeitung*, 1872. Müller Arg. *in flora* 1872, p. 91, et surtout à M. Crombie : *On the Lichen Gonidia question*, p. 7.

M. Bornet, dans un mémoire sur les gonidies des Lichens accompagné de belles figures coloriées, appuyant l'opinion de M. Schwendener, s'est appliqué surtout à mettre en évidence, sur le Lichen développé, les rapports anatomiques des filaments et des gonidies, qu'il trouve partout tels que l'exige la théorie du parasitisme. En outre M. Bornet a tenté quelques essais synthétiques. Ayant semé notamment des spores de *Xanthoria parietina* sur une couche de Protococcus, il a vu les filaments germinatifs du Xanthoria parietina se fixer sur les cellules du Protococcus, les envelopper peu à peu, et il en conclut que ces filaments se nourrissent aux dépens du protococcus à la manière des parasites. *Voy.* pl. I, fig. 5.

Cet essai ne prouve pas que les Lichens sont des parasites ; car si on sème des spores de *Xanthoria* sur une couche de *Protococcus*, elles germeront et s'y fixeront aussi bien que sur les rochers ou sur l'écorce des arbres et la couche de *Protococcus* cédera forcément aux filaments (*hyphes*) des Lichens et finira par disparaître.

L'auteur dit en outre que les Algues enfermées dans le thalle des Lichens continuent à se développer à l'abri de la couche demi-transparente et hygrométrique du système cortical.

Leurs cellules se multiplient par division ou bourgeonnement, et se logent dans les vides que présente le tissu du thalle. De là l'irrégularité singulière de la couche gonidiale.

La couche corticale des Lichens n'est pas aussi transparente que le dit M. Bornet, surtout dans certaines espèces.

L'irrégularité que cet auteur signale dans la couche gonidiale le met en contradiction avec M. Schwendener. Si ce dernier l'avait remarquée, il n'aurait pas accepté le système de la classification générale des Lichens que M. Fries a établi sur le contenu, le mode de séparation et la disposition des gonidies.

M. Treub a pu faire germer les spores de plusieurs Lichens (*Xanthoria parietina*, *Lecanora subfusca*, *Ramalina calicaris*). Les spores du Lecanora se sont allongées en filaments sans que cet auteur ait observé sur eux la moindre trace de gonidies.

Si cet observateur avait suivi la germination des spores au delà des premiers filaments prothalliens, il aurait observé les cellules parenchymateuses dans lesquelles se forment les gonidies. *Voyez* pl. 2, fig. 1.

M. Treub a surtout porté son attention sur la culture simultanée de ces Lichens et des Algues qui, suivant l'hypothèse de Schwendener, produisent les gonidies des Lichens (*cystococcus humicole Næg. etc*).

Comme M. Bornet, il trouve ces rapports tels que l'exige la théorie du parasitisme, il a vu, dit-il, des hyphes non-seulement s'appliquer à la surface des gonidies, mais quelquefois pénétrer dans leur intérieur.

M. Treub, qui est un partisan déclaré de la théorie de MM. Schwendener-Bornet, n'a fait que répéter leurs essais.

Cette culture simultanée des Lichens et des Algues ne prouve absolument rien, car si l'on cultive de cette manière deux plantes différentes, il est certain que si l'une des deux est plus grande et plus robuste que l'autre, la plus faible devra être attaquée, comme les *cystococcus*, etc., par les hyphes des Lichens, et sera ensuite enveloppée, si elle ne disparaît complétement. Mais en conclure que cette Algue attaquée, enveloppée ou disparue, est transformée en gonidie, constitue une grave erreur; c'est la lutte des plantes, et non le parasitisme. Si les spores de Lichens cultivées simultanément avec les Algues, produisent un Lichen contenant des gonidies, il est certain que ce ne sont pas les Algues qui se transforment en gonidies; mais que celles-ci naissent de la substance même du thalle.

Auteurs qui combattent, mais avec des réserves, la théorie de Schwendener.

M. Cohn regarde l'opinion de M. Schwendener comme insoutenable à l'égard des Lichens hétéromères; il fait remarquer qu'on ne connaît aucune Algue d'où puissent provenir les *Usnea*, les *Cladiona*, etc.

Pour les collémacées, au contraire, il ne nie point la possibilité de faits de parasitisme.

M. Caspary reconnaît que pour les Lichens gélatineux la théorie de M. Schwendener présente une certaine vraisemblance, bien qu'on n'ait pas apporté en sa faveur de preuves concluantes, car les expériences de M. Reess ne le sont pas, faute d'avoir obtenu la fructification.

Quant aux autres Lichens, il est impossible d'admettre leur parasitisme; impossible de regarder les hétéromères comme des Ascomycètes végétant sur des Algues, parce qu'entourées, comme elles le sont, par le tissu du champignon, elles ne sauraient créer dans leur intérieur un réservoir de substance nutritive. M. Reess a lui-même fait ressortir que le champignon-Lichen exerce une absorption par les poils radicaux dont il est muni, pour lui et pour son Algue assimilatrice.

Comme on a trouvé des Algues dans les tiges du *Gunnera Scabra* (Reinke, Schenk), dans des muscinées telles que *l'Anthoceros lævis*, le *Blasia pusilla*, le *Sphagnum acutifolium* (de Janczewski), dans les racines du *Cycas* (Schenk), et qu'il est hors de doute que ni le Gunnera Scabra, ni ces muscinées, ni les Cycas ne sont parasites sur des Algues, il y aurait lieu de reconnaitre que les Lichens hétéromères ne sont point parasites sur les Algues qui vivent dans leur tissu, mais bien plutôt, tout au contraire, que les Algues enfermées dans le tissu des Lichens trouvent en eux, non-seulement leur habitat, mais encore les éléments de leur nutrition.

Quelques cryptogamistes, comme MM. Cohn et Caspary, regardent l'hypothèse de M. Schwendener comme insoutenable pour les Lichens hétéromères ; tandis qu'ils voient au contraire une certaine vraisemblance pour les Lichens gélatineux. Depuis les observations de MM. de Krempelhuber, Fries, Nylander et surtout de M. Crombie, etc., cette question est résolue, il ne peut plus y avoir de doute pour aucun Lichenologue. Les Lichens gélatineux sont comme les Lichens hétéromères de véritables Lichens et non des champignons parasites.

M. Muller regarde cette nouvelle théorie comme impossible et il propose une même hypothèse qui devra donner un sens nouveau et plus naturel aux recherches de M. Schwendener. Je reproduis *in extenso* la conclusion de ce mémoire (1).

(1) Müller : *Réponse aux observations de M. Bess in flora*, 1872, p.91.

1° Que le *Collema* est un être dimorphe, ayant un état complet dans lequel il est muni de filaments (*hyphen*) et fructifié, et un autre état secondaire, connu déjà sous le nom de *Nostoc*, sous lequel il ne porte ni filaments ni apothécies.

2° Que l'état secondaire (ou état de *Nostoc*) du *Collema* peut, par suite de la pénétration de la partie mycélienne appartenant à l'état complet et produite par la spore, ou seulement des poils radicaux dans le *Nostoc*, c'est-à-dire par une sorte de jonction des filaments et des gonidies, parvenir à l'état complet du même végétal.

3° Que le *Collema* se multiplie généralement par des sorédies en individus complets portant des filaments et des apothécies (1).

4° Que la multiplication des individus complets est aussi possible par la germination des spores, mais d'une manière très-détournée, puisqu'elles devraient rencontrer la forme secondaire produite par les gonidies pour la pénétrer par les filaments myceliaux avant de constituer l'état parfait, capable de porter des apothécies.

5° Que la simple germination des spores, sans coopéra-

(1) Il est seulement à remarquer que ce que M. Müller appelle des sorédies sont un *isidium*.

Les isidiums sont en effet très-fréquents sur le thalle des *Collema* et quelquefois sur les deux faces. Le thalle entièrement gélatineux de ce genre de Lichens fait que les gonidies en occupent toutes ses parties : c'est ce qui facilite la production de leurs excroissances isidioïdes. Les isidiums sont produits par des jeunes grains gonidiaux devenus libres qui se fixent en dessous de l'épiderme du thalle et le bosselent ; cette jeune gonidie se développe dans cette petite boule gélatineuse et se multiplie ensuite par la segmentation ou division. *Voy.* Pl. I. fig. 1 bis ; *voy.* également les renvois des pages 31 et 32.

tion de l'état secondaire (*Nostoc*), reste sans former de thalle, et que, d'un autre côté, la simple germination des gonidies, privée du concours de celles des spores, ne fournit pas d'apothécies, bien qu'elle reproduise le *Nostoc*.

Auteurs qui réfutent complètement la théorie de Schwendener.

L'hypothèse de M. Schwendener est combattue par M. Crombie avec énergie et justesse, il ne la prend pas au sérieux, il l'envisage au contraire comme absurde et ridicule.

M. Schwendener, dit cet auteur, s'efforce d'étendre et d'affirmer sa théorie par différents arguments tirés de son observation personnelle; pour s'en rendre compte, il suffit de citer la conclusion générale de son mémoire, intitulée *Die Algentypen der Lichenen-Gonidien*, 1869, par laquelle il termine dans une langue qui a quelque chose de pittoresque.

Les résultats de mes observations, dit M. Schwendener, sont que tous ces végétaux ne sont aucunement des plantes simples ni des êtres uniques dans le sens ordinaire du mot : ils forment au contraire des colonies de centaines et de milliers d'êtres uniques, dans lesquelles un seul se présente comme maître pendant que les autres, en constant esclavage, produisent la nourriture pour eux et leur souverain. Ce dernier est un champignon de l'ordre des ascomycètes, un parasite, qui est habitué à vivre du travail des autres. Ses esclaves sont des algues vertes qu'il suce, et que grâce à sa puissance il tient à sa merci. Il les enlace comme une araignée sa proie, avec un filet de filaments à mailles étroites qui se transforme peu à peu en une couverture impénétrable. Mais tandis que l'araignée dévore sa proie et la laisse ensuite retomber sans vie, le champignon, au contraire, excite dans son réseau les Algues prisonnières à la plus rapide activité et à la plus forte croissance.

M. Crombie dit que cette hypothèse paraît avoir été inspirée à l'auteur par deux causes. L'une d'elles fut une remarque de M. Nylander (1), « *In Lichenes Lapponiæ Orientalis*, p. 117, 1866, » où il est dit que si les gonimies étaient dans les différentes céphalodies des Lichens des Algues parasites, on devrait considérer toutes les gonidies des Lichens comme de semblables parasites puisqu'au point de vue anatomique on s'accordait à les mettre ensemble. L'autre cause immédiate fut une sérieuse alternative avancée par le professeur de Bary (In Hoffmeit. Handb. der Phys. Bot. II, p. 291), à l'occasion de la discussion de quelques espèces de colléma:és.

La théorie de M. Schwendener, dit M. Crombie, a été favorablement accueillie sur le continent par différents cryptogamistes et a donné occasion à d'importants débats. Cependant aucun lichenologue n'a soutenu cette hypothèse de quelque manière que ce soit, et il n'y a pas d'apparence que ce fait se produira.

Cet auteur passe ensuite en revue les observations de M. Bornet, le plus éloquent défenseur de la théorie de M. Schwendener. M. Bornet a vu dans ses nombreuses ex-

(1) Cette remarque de M. Nylander n'a certainement pas été exprimée sérieusement, attendu que cet auteur est l'un de ceux qui repoussent avec le plus d'énergie l'hypothèse de M. Schwendener et les objections qu'il a présentées sont des plus graves, car les adhérents de cette théorie n'ont rien eu à opposer.

périences la ressemblance des gonidies avec certains types d'algues, et il cherche à prouver que ce n'est pas seulement une circonstance accidentelle, en disant que les gonidies se reproduisent et se multiplient de la même manière que les algues correspondantes même dans l'indépendance entière des hyphes (1).

M. Crombie ajoute que M. Bornet s'efforce également de prouver le rapport des hyphes des Lichens avec les gonidies, mais qu'il avoue d'ailleurs que ce rapport est très-difficile à constater. Il relate d'autres observations ainsi que la conclusion du mémoire de M. Bornet; d'après ce dernier, les hyphes ne proviennent pas plus des gonidies que les gonidies ne proviennent des hyphes. C'est-à-dire que M. Bornet croit que toute gonidie de Lichen peut être ramenée à une espèce d'Algue.

Cet auteur passe également en revue les mémoires de divers partisans de la théorie en question; il fait remarquer que l'expérience de M. Max Reess (*spores du collema glaucescens semées sur le nostoc lichenoïdes*) fut continuellement citée par les adhérents de la théorie de M. Schwendener, comme étant une de leurs preuves principales.

M. Crombie affirme que cette hypothèse est insoutenable, et qu'aucune preuve positive ne pourrait venir à son secours. Si les lichenologues ont repoussé jusqu'à présent cette théorie, ce n'est pas parce qu'elle a quelque chose

(1) M. Bornet a fait la remarque qu'il n'y avait pas une Algue spéciale pour chaque espèce ou famille de Lichens, quelques espèces seulement peuvent être rapportées pour un grand nombre de divers Lichens et gonidies.

Les Algues qui vivent dans l'eau sont naturellement exclues de la question; car il est visible que le champignon ne peut avoir aucun rapport avec elles.

de nouveau, de surprenant, de renversant ; mais à cause de motifs sérieux qui parurent tout à fait suffisants à ces auteurs.

On ne pouvait certainement pas attendre que cette hypothèse serait vue *æquo animo*, à savoir que ces chers Lichens seraient impitoyablement privés de leur existence indépendante et changés comme par une baguette magique en un genre de champignons aranéeux ou en une Algue esclave prisonnière. L'originalité d'une théorie aussi étrange devait être la cause de son admission plus que les arguments plausibles par lesquels elle fut soutenue par quelques botanistes de la nouvelle école.

Pour prouver la faiblesse de la théorie en question, M. Crombie fait l'examen des deux causes principales sur lesquelles la théorie de M. Schwendener semble être basée: 1° l'harmonie des gonidies des Lichens avec les Algues ; 2° le rapport entre les gonidies et les hyphes.

Relativement au premier point, M. Schwendener prétend que les différentes formes de gonidies (eu égard à leur structure et à la manière de leur reproduction) s'harmonisent avec les types parallèles des Algues cellulaires et filamenteuses. Il ne peut certainement pas y avoir de doute que cette hypothèse a sa seule origine dans la ressemblance des gonidies avec certaines Algues au moins considérées comme telles (*Voy. Nyl.* p. 23, ligne 30 *de ce mémoire*), ce n'est pas qu'on en ait jamais entendu parler, car cette ressemblance fut déjà remarquée par différents auteurs dès 1849.

Après différentes observations, M. Crombie prend comme preuve frappante cette identité imaginaire (qui n'est après tout qu'une ressemblance) un des points principaux de M. Bornet, par exemple, l'identité du *Protococcus viridis*

avec les gonidies du *Xanthoria parietina*, car ceci à ce qu'il semble, est ce que M. Bornet se proposait de prouver par les expériences de culture. Ces deux êtres sont sans doute très-semblables, mais un renvoi aux figures 3 et 4 de la planche 1 (1) suffira pour prouver qu'ils ne sont pas identiques, car, comme on le verra, les gonidies du *Xanthoria parietina* sont plus grandes et leur reproduction par degrés se fait moins vite que chez les *Protococcus*, qui se multiplient avec une très-grande facilité.

Cet auteur fait également différentes observations sur le deuxième point (des rapports entre les gonidies et les hyphes). Ici il fait remarquer que M. Schwendener est en contradiction avec lui-même quand il dit que la relation générique des gonidies aux hyphes n'a pas encore été observée, attendu que primitivement il avait au contraire cherché à prouver cette opinion dans le *Nægeli* (traité scientifique sur la botanique), cahier 2, p. 125. Ce changement d'appréciation, dit M. Crombie, vient du désir de trouver une confirmation plus forte de sa théorie.

Que cette connexion (relation des gonidies avec les hyphes) soit vraie ou fausse, quoique d'ailleurs soutenue par plusieurs auteurs, il n'en est pas moins vrai que cette ancienne opinion offre plus de vraisemblance que cette théorie dont les partisans affirment le rapport des hyphes avec les algues.

L'auteur fait remarquer ici que l'hypothèse de M. Schwendener reçut peu ou point d'appui à la suite des expériences de culture en question qui restèrent insuffisantes et indécises; la raison en est que la plus grande partie des phé-

(1) Les figures de cette planche sont calquées sur la table de ce mémoire à l'exception de la figure 1 *bis*.

nomènes observés ou soi-disant observés sont capables d'une autre et plus juste indication.

Les résultats de cette culture ne conduisent à aucune fin certaine, car l'irruption des filaments de la germination dans les *Protococcus*, remarquée par MM. Bornet et Treub n'est d'aucune valeur. Il en est de même avec l'expérience connue du *Nostoc lichenoïdes* avec les spores du *collema*, car si M. Reess avait semé des spores d'un *Parmelia* ou d'un *Opegrapha* sur le *Nostoc*, il aurait vu le même phénomène; donc l'expérience de ce cas particulier ne prouve absolument rien en faveur de ladite théorie.

M. Crombie en conclut que la théorie de M. Schwendener est non-seulement *à priori* extrêmement invraisemblable, mais aussi *à posteriori* tout à fait fausse. Il cite ensuite certaines observations de différents auteurs qui viennent à l'appui de sa conclusion.

Ce savant donne enfin le résumé du plus récent rapport de M. Schwendener, dans lequel ce dernier s'efforce de maintenir de nouveau sa théorie dans son entier, et il explique en outre, par d'autres remarques semblables, ce « Roman de la Lichenologie » qui fit sensation, ou le rapport contre nature, entre une demoiselle Algue, prisonnière, et un tyran, monsieur Champignon.

M. le docteur de Krempelhuber n'est point partisan des théories nouvelles: il fait remarquer qu'il importerait de suivre d'une manière complète et comparative la germination des spores des Lichens, des gonidies de ceux-ci et des Algues unicellulaires, ainsi que le développement des colonies de gonidies que M. Schwendener regarde comme des Algues. Il discute ensuite les raisons données en résumé par M. Schwendener à l'appui de sa théorie, et déclare que pour un juge impartial connaissant bien les

Lichens, il ne reste pas de ces raisons la conviction que les gonidies ne puissent pas, après leur séparation du tissu des Lichens, végéter d'une manière indépendante, et être prises ainsi d'une manière erronée pour des Algues unicellulaires. Il cite M. Tulasne ainsi que MM. Sperrschneider et Gibelli comme ayant vu les glomérules de gonidies apparaître sur la première origine du thalle produit par la germination de la spore du Lichen.

Ce même savant en conclut que pour détruire l'importance de ces faits, il ne suffit pas de supposer tout simplement avec M. Schwendener, que les cellules vertes observées dans les expériences de M. Tulasne ont pu venir de l'extérieur.

M. de Krempelhuber dit dans une note qu'il a publiée à Munich (1875) : Les lichenologues affirment que les gonidies proviennent du thalle des Lichens, tandis que M. Schwendener et les partisans de sa théorie soutiennent que la formation des gonidies pendant la germination des spores n'a pas encore été constatée avec certitude.

Jusqu'ici on a seulement pu suivre les commencements de cette germination des spores, mais nullement la formation du thalle même au-delà des premiers filaments.

Cette première formation du protothalle du Lichen, qui ne manque vraisemblablement à aucun Lichen provenant de spores, est composé de filaments qui paraissent analogues au mycelium des champignons, et de ce protothalle ou sur lui se forment les hyphes qui s'enchevêtrant les unes avec les autres, constituent la couche médullaire et corticale du thalle.

L'auteur croit que, au moins chez les Lichens hétéromères, les gonidies ne naissent pas aussitôt après la formation du protothalle, mais seulement dans un état plus avancé alors que le tissage des hyphes du thalle s'est déjà suffisamment développé, et que c'est là ce qui a empêché d'observer jusqu'ici dans un grand nombre de cas la naissance des gonidies, ou de leur contenu vert.

Il est de plus vraisemblable que les hyphes uniques développent des gonidies, et que la gonidie se multiplie ensuite rapidement par division après la séparation de l'hyphe-mère dans le thalle, et qu'ainsi se forme peu à peu la couche gonidique et le thalle.

Cet exemple chez les Lichens hétéromères pourrait peut-être expliquer aussi la disposition de la couche gonidique qui se trouve, comme on sait, près de la surface sous la couche corticale formée d'hyphes (1).

Mais s'il est vrai que dans la germination des spores on n'a encore vu jusqu'ici aucune gonidie prendre naissance dès l'origine des premiers filaments du protothalle, en conclure qu'une relation génétique ne peut exister des gonidies aux hyphes en général paraît à l'auteur complétement absurde et inacceptable.

Enfin si les essais d'ensemencement faits jusqu'ici avec des spores de Lichens n'ont pas donné des résultats conformes, ce n'est pas parce que l'entrée de l'Algue faisait défaut aux premiers commencements du Lichen, mais exclusivement parce que les observateurs de cabinet qui connaissent ordinairement très-bien les relations anatomiques et physiologiques, mais non les conditions biologiques et principalement les conditions générales de la vie des Lichens, n'ont pas encore compris qu'il fallait mettre et maintenir quelque temps la semence des spores dans ces

(1) M. de Krempelhuber appelle *hyphes uniques* les cellules de la couche corticale dans lesquelles se forment les gonidies.

relations desquelles dépend le développement de la spore du Lichen pour la formation du thalle.

M. Th. Fries dans sa flore Lichenographique de la Scandinavie, n'a pas manqué d'aborder les questions soulevées par M. Schwendener. Il fait remarquer que si la théorie du professeur de Bâle était vraie, le parasite (champignon) naîtrait avant l'Algue, dont il doit se nourrir, et que la plante nourricière prendrait naissance dans le tissu même de son parasite, puisque les vésicules (Hiphes) préexistent aux gonidies dans le tissu des Lichens. Ensuite il demande (ce qui est le point capital de la question), de quelle manière naissent les gonidies renfermées dans le thalle des Lichens ; M. Schwendener soutient qu'aucun observateur ne l'a encore vu, et M. Fries affirme, d'après ses propres recherches, que les extrémités des ramifications courtes du thalle se dilatent à leur sommet, deviennent peu à peu globuleuses, se remplissent alors de chlorophylle, et constituent en définitive une gonidie, qui se sépare suivant différents modes du filament qui l'a produite (1).

Dans la classification générale des Lichens, M. Th. Fries nous donne un système tout nouveau. Il établit six classes.

Archilichenes, *Sclerolichenes*, *Phycolichenes*, *Gleolichenes*, *Nematolichenes* et *Byssolychenes* : ces classes sont fondées sur le contenu, le mode de séparation et la disposition des gonidies.

M. W. Nylander rejette complétement l'hypothèse de M. Schwendener. Il la regarde comme une absurdité évi-

(1) M. J. Müller Arg. a fait antérieurement des observations analogues dès 1862, dans son ouvrage intitulé *Principes de classification des Lichens et énumération des Lichens dans les environs de Genève.* Il a figuré les différentes phases de la production des gonidies à l'extrémité des filaments du thalle.

dente; il dit qu'un être parasite est autonome, et vit sur un corps étranger, dont les lois de la nature ne lui permettent pas d'être en même temps un organe. Une existence aussi peu naturelle que celle qui serait réservée aux gonidies, enfermées dans une prison et privées de toute autonomie, n'a nul rapport avec le mode de vie ordinaire des autres Algues; elle n'a point de parallèle dans la nature.

M. Nylander dit en outre que les *gonidies* et les *gonimies* sont chez les Lichens l'organe physiologique nécessaire et le plus important, c'est là que se remarque la vie nourricière et surtout active, celle par exemple qui procrée la matière tinctoriale; tandis que les parties du thalle éloignées des *gonidies* et avancées en âge, comme cela se voit dans les Lichens *crustacés*, meurent et noircissent, comme s'ils n'étaient que de la crasse. D'ailleurs les Lichens inférieurs peu pourvus de *gonidies*, comme les *Thelotrema*, les *Graphis* et les *Verrucaria*, vivent peu de temps, ont souvent des apothécies ou mal développées ou éteintes, pouvant sous ce rapport se comparer aux Fungus.

L'auteur fait remarquer que les gonidies naissent dans les cellules du thalle, et qu'il n'est pas besoin de gonidies d'une origine étrangère. Certains Lichens entièrement celluleux, renfermant les gonidies (*ou gonimies*) dans les cellules, sont quelquefois dépourvus d'hyphes.

Dans les cephalodies endogènes (*solorina crocea sticta*), on voit les petites pointes gonimiennes se former profondément dans le thalle, et d'aucune façon les gonimies ne peuvent du dehors pénétrer dans ces intérieurs thalliens. Comment le pourraient-elles dans une écorce résistante?

M. Nylander ajoute que les corps regardés comme des Algues dans l'hypothèse nuageuse de M. Schwendener sont si loin de constituer de vraies Algues qu'elles ont au contraire, on peut l'affirmer, la nature des Lichens ; d'où il suit que les pseudo-Algues sont des êtres à ranger parmi les Lichens, et que la classe des Algues, dont les limites sont encore vaguement déterminées, devrait en recevoir de plus exactes.

M. FRANK, dans un mémoire intitulé : *Comment se comportent les gonidies dans le thalle de quelques Lichens crustacés homœomères et hétéromères*, a décrit d'abord le jeune âge du thalle de l'*Arthonia astroidea*, qu'il a vu dépourvu de gonidies ; celles-ci, n'apparaissant que lorsque les spores existent déjà dans les thèques, sont d'abord sporadiques et écartées, puis prennent peu à peu l'aspect de cellules de *Croolepus*. Les types de Lichens angiocarpés décrits comme constituant les genres *Arthropyrenia*, *Leptoraphis*, *Microthelia*, ont un thalle homæomère qui persiste souvent sans gonidies pendant la vie des individus, tandis que chez d'autres individus de la même espèce on en voit apparaître de plus ou moins nombreuses, quelquefois tout à fait isolées. Il résulte de ces faits que le même Lichen peut vivre avec ou sans les organes d'assimilation que constituent les gonidies : dans ce dernier cas, il trouve et prend sa nourriture toute préparée dans son substratum, à la manière de certains parasites, et notamment des champignons (1). La naissance tardive et en quelque sorte facultative des gonidies, qui concorde bien avec l'ancienne théorie, ne cadre guère avec celle de M. Schwendener. L'auteur a obtenu de ses études

(1) C'est ici le lieu de rappeler l'expérience fondamentale de M. Nylander démontrant, contrairement à l'opinion de M. Frank, que les Lichens ne prennent rien à leur substratum. En plongeant un Lichen fruticuleux dans l'eau il est facile de constater que le liquide ne monte jamais au-dessus de la partie immergée.

sur le *variolaria communis*, la preuve que les gonidies dérivent des hyphas du thalle ; il les a vues naître au-dessous de la zone marginale dans des parties qui en étaient dépourvues, sur des points écartés les uns des autres et enfermés de tous côtés par un réseau d'hyphas. Il dit avoir reconnu que les gonidies constituent les articles terminaux des hyphas entortillés sur eux mêmes et toruleux ; M. Frank affirme qu'il a observé sur ces articles terminaux tous les passages entre l'état incolore et la coloration franchement verte.

M. Caruel, dans un volume publié par la société d'horticulture de Toscane, Florence 1876, a rappelé des observations publiées par lui sur les *collema*, dix ans auparavant, dans les actes de la société italienne des sciences de Milan. Cet auteur a vu les hyphas des *collema* se remplir de matière verte, et procéder par étranglement leur transformation en gonidies.

M. Koerber affirme que les gonidies des Lichens ne sont point des algues : 1° parce que chez les véritables algues les gonidies ne produisent jamais d'hyphas, ce qui se rencontre au contraire fréquemment chez les spores des Lichens ; 2° parce que si le contraire était vrai, il serait étrange que plusieurs algues fussent nécessaires à la reproduction d'un même Lichen, et encore plus étrange que dans la nature ces diverses algues se rencontrassent assez fréquemment sans qu'on observât consécutivement le développement d'aucun Lichen ; 3° parce que plusieurs formes de gonidies ne sont pas connues des algologues pour appartenir à des algues, et n'ont jamais été rencontrées à l'état libre ; 4° parce que les gonidies des Lichens correspondent par leur forme seulement aux algues qui se reproduisent non par sexualité, mais par division, c'est-à-dire par un procédé commun à presque toutes les cellules des végétaux inférieurs, et dépourvu de valeur spécifique.

La transformation des gonidies en zoospores, observées par M. Famintzin et d'autres auteurs, est regardée par M. Kœrber comme un mode commun à toutes les cellules des végétaux inférieurs. Les gonidies nommées *asynthétiques*, c'est-à-dire celles qui se présentent sans thalle, sont, dit-il, non point des algues, mais de véritables gonidies de Lichens.

M. Kœrber soutient qu'il n'y a chez les Lichens aucune évidence de parasitisme, parce que les gonidies ne sont aucunement affaiblies ou détruites par leur contact avec les hyphas, mais au contraire dérivent de leur accroissement. Il affirme que les spores de certains Lichens, du genre *sphærompiale*, par exemple, où elles sont muriformes, ne produisent pas d'hyphas, mais des gonidies particulières *(microgonidies* ou *leptogonidies)*, et finalement il suggère divers modes par lesquels, le thalle des Lichens peut être produit par les gonidies asynthétiques (Sorédies).

Les expériences de M. Arcangeli confirment une fois de plus l'opinion de M. Tulasne : il se rallie à la théorie de *l'autogonidisme*, répudiant celle de M. Schwendener, si hardiment soutenue par M. Bornet.

Ce savant observateur a étudié le *sticta pulmonacea*, l'*Evernia prunastri*, l'*Alectoria jubata*, chez lesquels il affirme que les rapports des hyphas et des gonidies ne sont pas tels que l'ont admis M. Bornet et d'autres observateurs. En imprégnant d'une solution de potasse une préparation du *sticta*, il a pu extraire des gonidies de différentes dimensions, qui se sont toujours trouvées attachées de la même manière à un filament du thalle, la surface de la gonidie formant un angle droit avec la direction du filament, les jeunes ayant une dimension peu différente de celle du filament lui-même, et ne s'en distinguant que par leur couleur verte. Dans l'*Alectoria jubata*, les gonidies, qui se multiplient par divisions quaternaires, paraissent produites à l'extrémité des rameaux ; quelquefois leur division se fait en huit ; le même mode de multiplication se rencontre dans les *Omphalaria* et dans quelques Lichens collémacés.

Cet auteur a fait d'autres observations sur le *Cladonia*, *rangiferina*, le *Ramalina fraxinea*, le *Nephroma lævigatum*. Chez ce dernier Lichen, il existe dans les parois du thalle, au-dessous de sa surface, des groupes de cellules en apparence parenchymateuse, qui, à mesure qu'on les examine sur un point plus éloigné de la surface, prennent peu à peu, et enfin revêtent tout à fait le caractère de gonidies ; il en est à peu près de même dans le *sticta scrobiculata* et chez un certain nombre d'autres espèces (1). Ces faits de transformation graduelle prouvent que les gonidies ne sont point des cellules étrangères aux Lichens et parasites dans leur tissu.

M. Arcangeli en conclut qu'il n'y a pas de raison suffisante pour admettre que les gonidies soient des algues appartenant aux genres *Cystococcus*, *Glœocapsa*, *Nostoc*, *Scytonema*, *Sirosiphon*, car on ne saurait admettre comme bien établi que celles-ci constituent des formes autonomes. On a soutenu que les Lichens, si analogues

(1) L'auteur fait remarquer que cette relation intime entre les gonidies et les cellules du faux parenchyme est encore plus manifeste chez quelques espèces d'*Endocarpon*, notamment chez l'*Eminiatum* et que chez différents Lichens, les gonidies se forment de la substance même de la fronde.

aux champignons, ne peuvent contenir de la matière verte, laquelle est très-abondante chez les gonidies. Mais l'auteur a vu que la spore du *collema* microphyllum, et celle du *Pannaria triptophylla* contiennent dans leurs cellules des globules de phycochrome colorée en verdâtre. (1).

Quant au mode de connexion des hyphas avec les gonidies, cru jusqu'ici fort irrégulier, il soutient, en vertu d'observations faites sur les genres *Alectoria*, *Evernia*, *Sticta* et *Omphalaria*, que ces connexions sont plus régulières qu'on ne l'a cru jusqu'à présent.

*
* *

A tous ces auteurs qui ont ou réfuté ou infirmé sa théorie, M. Schwendener a tenté de répondre, et dans quatre articles, il s'attache surtout à combattre les observations de M. le docteur de Krempelhuber.

En terminant, il se flatte d'avoir démontré que la nature d'Algue des gonidies est solidement établie dans une série de cas, très-vraisemblable dans d'autres, et ne manque de vraisemblance dans aucun.

Enfin il exprime la satisfaction qu'il a éprouvée de voir un Lichenographe aussi autorisé que M. Fries prendre les caractères des gonidies pour fondement de la distinction des Lichens en grandes divisions, puis il apprécie chacune des divisions proposées par l'auteur suédois, d'après la partie de son travail parue jusqu'à ce jour.

M. Nylander avait déjà signalé longtemps avant M. Schwendener les différences considérables qui se voient entre les gonidies et les gonimies ainsi qu'entre les diverses modifications des deux qui forment des points essentiels sur lesquels est basée la classification de M. Fries. Du reste, M. Schwendener et les partisans de sa

(1) Cette observation parait douteuse.

théorie exposent des faits anatomiques déjà connus qu'ils présentent comme leurs découvertes.

M. Schwendener à mon avis devrait se montrer moins satisfait de la classification générale des Lichens inaugurée par M. Fries. Si ce dernier s'est appuyé sur le contenu, le mode de séparation et la disposition des gonidies afin d'établir les classes de son système, c'est qu'il a vu qu'il y avait dans la couche gonidiale un ordre parfait et constant (1) ; tandis que le contraire existerait si les gonidies étaient des êtres étrangers. Les Algues qui ne cessent de végéter et de se multiplier se répartiraient forcément dans tout le tissu des Lichens, surtout lorsqu'ils cessent de se développer par la sécheresse. Dans ce cas, des difformités ou des monstruosités se produiraient, ce qui n'a pas lieu Du reste, M. Fries a réfuté la théorie de M. Schwendener en affirmant que les gonidies naissent des hyphes. *(Lich. Scandin.)*

*
* *

En résumé, la plupart des auteurs qui se sont occupés de la question des gonidies n'admettent pas la théorie de M. Schwendener, et les résultats des expériences que ces savants observateurs ont opposés pour la combattre sont difficiles à détruire ; comme le dit M. Krempelhuber, il ne suffit pas de se livrer à des conjectures. En effet, pour dire que les gonidies sont des Algues, il faut supposer que la spore qui reproduit un Lichen est toujours accompagnée de zoospores; mais les spores du *Verrucaria muralis* Ach. semées par M. Tulasne prouvent que la reproduction a lieu par des êtres qui font partie intégrante des Lichens, attendu que les spores ont été semées sur

(1) On sait que M. Bornet voit au contraire une irrégularité singulière dans cette couche.

une pierre aplanie et couverte d'un verre de montre, afin qu'un corps étranger ne pût venir s'y mêler, et pourtant ces spores ont produit un Lichen parfait contenant des gonidies.

M. Tulasne a ainsi semé des spores de plusieurs espèces de Lichens, et il a réussi à suivre la végétation première de quelques espèces, tel que le *Lecanera cinerea* Nyl. *Voyez* la planche 2 (fig. 1 et 2) qui est jointe à ce mémoire, elle représente les figures 2 et 3 de la planche 3 d'après cet auteur : *Mémoire pour servir à l'histoire organographique et physiologique des Lichens.* (Ann. des sc. nat., 3e série, XVII, 1852).

Les expériences de ce savant observateur s'accordent très-bien avec l'opinion des cryptogamistes qui regardent les Algues nourricières des Lichens comme des Lichens imparfaits; la transformation des gonidies en zoospores ne s'y oppose pas, puisque, comme le remarque M. Kœrber, ce mode est commun à beaucoup de cellules des végétaux inférieurs (1).

(1) La question des zoospores dans les gonidies reste toujours fort douteuse. D'après les expériences de M. Nylander, les zoospores ne prennent pas naissance dans les gonidies et cet auteur n'en aurait jamais trouvé dans les thalles. Ce savant observateur en conclut que, si la nature permettait que les zoospores se formassent dans les gonidies étroitement environnées des éléments du thalle, elles ne pourraient en sortir et n'auraient aucune place pour se mouvoir.

La nature ne se trompe pas ainsi, elle ne commet pas de telles fautes contre la logique et ce serait un non-sens qu'une formation de zoospores dont l'action physiologique serait vaine et ne serait susceptible d'aucun effet. Cependant, il ne faut pas le nier, les zoospores peuvent prendre naissance dans les gonidies libres, là du moins la chose est possible, et, d'aucune manière, elle n'est absolument contraire à la constitution des Lichens.

Si les gonidies sont des Algues, comment font-elles pour vivre une fois enfermées dans le sein même d'un parasite? Les deux conditions nécessaires à leur vie, outre les exigences spécifiques de température, sont l'eau et la lumière.

La plupart des Algues sont des plantes aquatiques submergées, et quand cela n'a pas lieu elles ont besoin néanmoins de l'eau à l'état liquide pour certains phénomènes de développement, en particulier pour leur reproduction. Les Lichens, au contraire, au lieu de l'eau recherchent l'air, et les points où ils sont le plus abondants sont les cimes des hautes montagnes où les Algues manquent absolument.

Les gonidies des Lichens en dehors du tissu thallin ne sont pas des Algues mais des organes spéciaux de multiplication et de propagation des Lichens, car elles sont susceptibles de reproduire la plante à la manière des spores, aussi ont-elles reçu un nom qui rappelle cette faculté reproductrice. C'est à elles que l'on doit la multiplication si abondante des Lichens qui n'ont jamais fructifié chez nous. (1).

Remarquons en passant que cette propriété des gonidies n'est pas exceptionnelle et que dans les végétaux supérieurs, les exemples en sont nombreux, la *Globuline* ou *Chloropylle*, matière verte des feuilles, est susceptible de germer et de reproduire la plante. Les gonidies peuvent

(1) Cependant il est à remarquer que certaines espèces de Lichens se reproduisent aussi par des papilles *Isidioides* et des *Cephalodies* qui finissent par s'échapper du thalle pour se développer ensuite en un thalle nouveau, semblable à celui qui l'a produit. Il semblerait que c'est un des moyens que la nature emploie pour multiplier ces plantes.

donc appartenir aux tissus des Lichens aussi bien que la chlorophylle appartient aux tissus des plantes phanérogames ou d'autres cryptogames.

La plupart des Lichens peuvent se multiplier à profusion par les gonidies qui se présentent sur le thalle (*Sorédies*). On appelle *sorédies* les gonidies isolées, ou des groupes de gonidies qui, entrelacées de filaments, sont expulsées du thalle et sont capables de développer immédiatement au dehors un nouveau thalle de Lichens. (1)

Ici M. Schwendener ne s'accorde pas avec les lichenographes, même avec certains partisans de sa théorie ; d'après lui l'amas sorédifére ne reproduit que ce qu'il appelle une branche sorédiale : alors comment peut-il expliquer la naissance des Lichens qui n'ont jamais fructifié en France, où ils croissent en quantité ?

Il semblerait que les sorédies au lieu d'être un état maladif des Lichens sont au contraire un excès de vitalité. D'après mes essais j'ai vu que l'amas sorédifère ne peut naître que d'une nutrition trop abondante des tissus des Lichens, les jeunes cellules de la couche gonidiale se résorbant forment ainsi les parties sorédifères qu'on pourrait considérer comme un produit de sécrétion. J'ai fait des expériences sur plusieurs Lichens munis de *sorédies* en faisant disparaître à l'aide de la barbe d'une plume le dessus des parties sorédifères ; j'ai remarqué

(1) Je ferai remarquer que les grains gonidaux qui constituent la poussière sorédifére sont presque toujours enveloppés d'une couche irrégulière de petites cellules assez analogues à celles de la zône corticale dont elles ont fréquemment la couleur, dans ce cas la reproduction des Lichens par ces organes est semblable à celle qui se fait par les *Céphalodies* ou autres excroissances isidioïdes.

que par une température douce et humide la reproduction des parties enlevées se faisait en quelques jours, tandis qu'elle m'a paru nulle par une température très-sèche qui durait déjà depuis plusieurs semaines. C'est le contraire qui aurait lieu si les gonidies étaient des êtres étrangers, puisque les Algues ne cessent de végéter et de se multiplier ; or si la végétation de ces plantes était suspendue comme l'est celle des Lichens pendant la sécheresse de l'été ou de l'hiver, elles cesseraient de vivre. (1)

Cette reproduction des Lichens par les gonidies-sorédies prouve une fois de plus que ces organes font partie intégrante des Lichens. Du reste les corps chlorophylliens qui constituent les gonidies sont semblables à ceux que renferment les cellules des *Muscinées*, avec cette différence que ces derniers n'ont pas d'enveloppe. Et il est certain que les gonidies prennent naissance sur les jeunes thalles et qu'elles se forment dans les cellules parenchymateuses corticales. *Voyez* pl. 2, fig. 1 et 2.

De plus, il est certain que les cellules qui forment la couche corticale sont de deux sortes :

1° Les premières sont produites par la substance même de la spore et engendrent les gonidies. Ces cellules-mères se forment seulement après la naissance des filaments hypothalliens et le plus souvent après que la spore s'est complétement dilatée. Il se forme sur cette dernière quel-

(1) Les Algues proprement dites, exposées à l'air se dessèchent et cessent de vivre ; et quoique certaines manifestations vitales s'y fassent sentir par une nouvelle imbibition d'eau, la plante ne végète pas de nouveau. Les Lichens au contraire n'éprouvent aucun trouble pendant la sécheresse de l'été ou de l'hiver ; leur vie est seulement en quelque sorte suspendue, et aussitôt l'humidité revenue ils se développent de nouveau dans les meilleures conditions de santé.

ques vésicules (hyphes uniques) qui se séparent ensuite pour former les cellules-mères. Aussitôt cette séparation, la spore ayant accompli son œuvre de génération s'épanouit et se détruit complètement.

2° Les secondes sont formées par les rudiments des hyphes en général : comme elles sont plus légères que les premières, elles forment le dessus de la couche corticale, c'est-à-dire l'épiderme du thalle des Lichens (1).

Enfin, pour prouver que la théorie de M. Schwendener est vraie, il fallait démontrer que les gonidies vivent en liberté où germent les Lichens, et que ces gonidies pénètrent dans les thalles, ou que les premiers filaments du thalle vont les chercher. Cela n'a pas été démontré, et ne peut pas être démontré car cela n'existe pas.

Les Lichens doivent-ils former une classe distincte des autres cryptogames ?

Quand même on démontrerait l'exactitude de la théorie de M. Schwendener, il serait encore bien difficile de réunir dans une même classe les Lichens et les champignons ; en le faisant on s'écarterait de la classification naturelle, car il y a des différences sensibles dans leur mode de vie et dans leur constitution.

(1) Certains auteurs ont confondu ces deux sortes de cellules. Mais que les corps chlorophilliens (gonidies) naissent dans les cellules produites directement par la matière plastique de la spore, ou qu'ils se forment dans les cellules venant de la substance même du feutre médullaire ou hyphes en général, ils sont dans l'un et l'autre cas produits par la plante elle-même et non pas par quelqu'autre corps étranger aux Lichens.

Les champignons thécasporés peuvent se développer partout, dans les endroits humides ou privés de lumière ; les Lichens au contraire aiment la grande lumière.

Les champignons sont toujours pourvus d'hyphas tandis qu'ils manquent dans certaines espèces de Lichens.

Les éléments anatomiques des filaments des Lichens se distinguent par des caractères nombreux des hyphas des champignons. Ils sont plus fermes, plus élastiques et se reconnaissent au premier abord dans la texture des Lichens, et par la lichenine qui se voit déjà dans les premiers filaments-germes. D'un autre côté, les hyphas des champignons sont très-mous, à parois minces, nullement gélatineux, et se dissolvent immédiatement sous l'action de la potasse.

Le thalle des Lichens n'est jamais visqueux, ce qui est très-commun chez les champignons proprement dits.

Le réceptacle fructifère des champignons diffère généralement de celui des Lichens, surtout dans les *Pézizes* ; sa surface (Epithecium) est nue dans les champignons : l'extrémité des paraphyses, qui souvent fait saillie et colore le disque, passe rapidement et disparaît avec le champignon.

Dans les Lichens, au contraire, l'epithecium est constant ; il est formé, non-seulement par le renflement de l'extrémité saillante des paraphyses, mais souvent aussi par une matière granuleuse et persistante. De plus, le réceptable des champignons n'a qu'une durée limitée ; pour les *sphéries* mêmes qui persistent longtemps, sans pour cela être vivaces, les conceptacles n'ont que la durée d'une année au plus. Les *sphéries* développées et fructifiées une fois, ont accompli leur existence ; on ne les voit pas végéter de nouveau (1). Chez les Lichens les choses se passent autrement : leur réceptacle est vivace ; il peut durer plusieurs années et toujours être en état de fructification naissante, parfaite et totalement accomplie ; cette pérennité du réceptacle a été signalée par MM. Meyen et Léveillé.

Les Lichens intermédiaires naturels entre les Algues et les champignons doivent conserver le rang qu'ils occupent parmi les cryptogames. MM. Acharius, Tulasne, Nylander et Brognart (2) regardent les Lichens comme une classe distincte, au même titre que le sont les hépatiques et les mousses.

En effet, les raisons qui s'y opposent n'ont d'autre base que la double affinité naturelle des Lichens avec les Algues et les Champignons (3). Il est facile de voir les

(1) Les champignons croissent rapidement, c'est ce qui a fait dire en proverbe : *Pousser comme un champignon*. Mais si ces plantes poussent vite, elles passent vite. Les champignons meurent et se décomposent presque aussitôt ou peu de temps après la maturation et l'émission des spores. Si quelques espèces qui croissent sur les arbres, telles que les Bolets amadouviers, semblent étendre leur vie jusqu'à quatorze et quinze ans, il n'en est pas moins vrai que ces espèces se renouvellent chaque année. Mais comme leur consistance presque ligneuse leur permet d'échapper longtemps à la destruction, le nouveau champignon se développe sur l'ancien, qui lui sert de support, et même, en quelque façon de nourriture.

Les Lichens, au contraire, ont un accroissement lent et intermittent, vivent très-longtemps (d'après M. Nylander, quelques-uns vivent des centaines d'années), et pendant toute leur existence ils peuvent être en état de fructification.

(2) M. Crombie dans son mémoire (intitulé *On the Lichen-gonidia question*) cite la classification de M. Nylander comme étant la plus naturelle et par cela aussi la plus scientifique de tous les systèmes proposés jusqu'à ce jour.

(3) La *Chlorophylle* forme la base de l'affinité des Algues avec les Lichens, et ceux-ci se relient aux champignons par une double

relations (pour ainsi dire de parenté) qui les unissent : les *Ephebes*, les *Gonionema* sont très-voisins des *Scytonema*, des *Sirosiphon*, etc., qui représentent, d'après certains auteurs, des états imparfaits des premiers ; les *Collema* se rapprochent également des *Nostoc*, et il n'est pas plus prouvé que ces derniers constituent des formes autonomes que les *Scytonema* et *Sirosiphon*. Les Lichens se relient également par les espèces inférieures (*Graphidés* et *Pyreno carpés*) avec les champignons thécasporés qui ont plus d'affinité encore par la similitude de l'appareil de fructification. Aussi certains Lichens, les *Graphidés*, sont-ils placés par quelques auteurs dans les Hypoxylons, près des *Hystérium* dont ils ne diffèrent guère que par l'absence du thalle et l'adhérence des thèques aux parois du conceptacle. C'est bien ce qui fait le désaccord des cryptogamistes, et ce qui rend difficile toute délimitation nette entre les Algues et les Lichens, de même qu'entre les Lichens et les champignons thécasporés. Ainsi du reste se relie et s'enchaîne tout le règne végétal, comme aussi s'entrelacent par des liens mystérieux le règne animal et le règne végétal.

affinité, *fructification* et *hyphas*. Cette double affinité a excité de tous temps quelques cryptogamistes à réunir ces deux classes. Après les études multipliées qui ont été faites sur ces plantes et surtout depuis que la science, en possession d'instruments d'observation perfectionnés, a fait de nouveaux progrès, la réunion des Lichens aux Champignons est devenue impossible. Cependant M. Schwendener espérait y arriver (la chlorophylle seule s'y opposait) en retirant les gonidies des Lichens; mais son hypothèse étant purement imaginaire il a échoué dans son entreprise. La théorie de M. Schwendener a été à tout jamais détruite par les Arcangeli, Crombie, Fries, Krempelhuber, Nylander, etc. Les Lichens formeront donc comme par le passé une classe séparée, distincte des autres cryptogames.

EXPLICATION DES FIGURES DE LA PLANCHE I.

FIGURE 1 *bis*. — On voit en *a* le commencement des papilles insidioïdes d'un *Collema* ; d'où on peut se rendre compte de la naissance des gonidies dans les isidiums (*voy*. p. 13, renvoi).

FIGURE 1. *b* et *c*. — Petites papilles insidioïdes du *Collema furvum* où on peut voir que les gonidies prennent naissance dans les isidiums mêmes.

FIGURE 2. *a b*. — Coupe d'un thalle de *Pertusaria Westringii* grossie 40 fois, d'où il résulte que les gonidies proviennent de l'intérieur des cellules de la petite excroissance insidioïde.

FIGURE 3. — Gonidies de la *Xanthoria parietina*.

FIGURE 4. — *Protococcus viridis*. Les gonidies et les Protococcus des fig. 3 et 4 sont également grossies et végétaient sur le même morceau d'écorce, comme preuve que quoique passablement ressemblantes elles ne sont pas identiques.

FIGURE 5. — D'après M. Bornet (*Pl*. X), démontre que les filaments germinatifs des spores de *Xanthoria parietina* se fixent sur les cellules des Protococcus ou pénètrent dans leur intérieur.

FIGURE. 6. — D'après M. Reess, prouve comme les filaments germinatifs des spores de *Collema glaucescens* pénètrent dans le *Nostoc lichenoides*.

1 bis a
b
1
c
a
b
2
3
4
5
6

EXPLICATION DES FIGURES DE LA PLANCHE 2.

FIGURE 1. — *Lecanora cinerea* Nyl. — Très-jeunes Lichens observés sous le microscope composé ; on voit en *a* et *b* naître des filaments hypothalliens; *c* et *d*, les premières cellules dans lesquelles naissent les gonidies. L'écorce de ces cellules-mères est excessivement mince et peu résistante, elle se brise ordinairement après la formation des gonidies, de sorte que celles-ci s'échappent en liberté (1). *Voyez* fig. 1, *e*, et fig. 3, *e*.

FIGURE 2. — Autre Lichen dont le thalle plus accru présente des tessellations qui témoignent de son mode de végétation. Dans le bas de la figure sont représentés trois petits thalles naissants, qui sont isolés et indépendants.

FIGURE 3. — *Peltigera horizontalis* Hoffm. — Coupe d'un thalle adulte : D, couche corticale; E, couche gonidiale; F, couche médullaire. La couche hypothalline n'est pas représentée.

(1) Les gonidies d'apparences libres dans certaines espèces de Lichens, ne le sont pas par le fait, car la gélatine qui pénètre tous les éléments du thalle les rend adhérentes.

Or, que les gonidies soient enfermées dans les cellules, jointes les unes aux autres, ou séparées, elles forment toujours le système organique ou le centre physiologique du thalle.

Fig 2.

Fig 3.

Fig 1.

Les lecteurs qui désireraient avoir sur l'hypothèse et sur les répliques faites contre celle-ci, des détails plus précis que ceux que la limite restreinte de notre ouvrage nous permettait de donner, pourront consulter les ouvrages suivants :

1° Mémoires qui ont pu servir à M. Schwendener pour établir sa théorie.

Nylander. *In Lichenes Lapponiæ Orientalis*, p. 117, 1866.

De Bary. *Morphologie und Physiologie der Pilze, Flechten und Mixomyceten*, p. 291, 1866.

Famintzin et **Baranetzky.** *Mémoires de l'Académie des sciences de Saint-Pétersbourg*, 7e série, t. XI, et *Mélanges biologiques*, t. VI, 1867. Voir aussi **Itzigsohn** : *Botanische Zeitung*, 1868, p. 185.

2° Mémoires qui établissent la théorie en question (Schwendener).

Schwendener. *Recherches sur le thalle des Lichens.* 1868.

DIE ALGENTYPEN DER LICHENEN-GONIDIEN. 1869.

ERORTERUNGEN ZUR GONIDIENFRAGE. (*Eclaircissement sur la question des gonidies*, Flora 1872.

3° Auteurs qui admettent la théorie de Schwendener.

Bornet. RECHERCHES SUR LES GONIDIES DES LICHENS ; (Ann. sc. nat., 5e série, t. XVII, pp. 45-110, avec 11 planches).

Max Reess. UBER DIE ENTSTEHUNG DER FLECHTE COLLEMA GLAUCESCENS, etc. (*Monastberichte der K. preussischen Akademie der Wissenschaften zu Berlin*, sept.-oct. 1871, avec une planche).

Treub. LICHENENCULTURE (*Botanische Zeitung*, 1873, n° 46, avec planches).

4° Auteurs qui réfutent la théorie de Schwendener.

Arcangeli. SULLA QUESTIONE DEI GONIDII. *Nuovo giornale Botanico Italiano*, vol. 7, n° 3, 5 juillet 1875, avec trois planches.

SULLA TEORIA ALGOLICHENICA (*Atti della Societa Toscana di scienze naturali*. Vol. 1, fasc. 2, p. 125). Pise, 1875.

Caspary. UBER DIE NEUEREN ANSISCHTEN IN BETREFF DER FLECHTEN, Wonach diese schmatotzer seien. (*Schriften der physikalisch-œkonomischen Gesellschaft zu Kœnigsberg*, 1872, 2e livraison, *Sitzungsberichte*, p. 18).

Crombie. ON THE LICHEN-GONIDIA QUESTION, *in Popular science*. Review, juli 1874 (1).

Fries. LICHENOGRAPHIA SCANDINAVICA. Pars prima, in-4° de 324 pages. *Upsaliæ*, 1871.

Frank. COMMENT SE COMPORTENT LES GONIDIES DANS LE THALLE DE QUELQUES LICHENS CRUSTACÉS? (*In Botanische Zeitung*, 1874, n° 16).

Kœrber. RÉFUTATION DE LA THÉORIE DE SCHWENDENER ET BORNET SUR LA NATURE DES LICHENS. (In-8° de 30 pages, Breslcau, 1874), imprimé en allemand. (Un résumé de ce mémoire est donné en français par le *Bulletin de la Société botanique de France*. Vol. 22, p. 179, 1875).

(1) Ce mémoire a été reproduit en allemand par le docteur de Krempelhuber, de Munich, ce savant l'a même enrichi de quelques notes fort précieuses.

Krempelhuber. Die Flechten als Parasiten der Algen (*Les Lichens sont-ils parasites des Algues?*) Flora, 1871, n°s 1, 2 et 3.

Müller. In Flora, 1872, p. 90.
In Flora, 1874. (*Un mot sur la question des gonidies*).

Nylander. Animadversio de theoria gonidiorum algologica. (In Flora, 1870, pp. 52, 53).
Obs. Lich. in Pyr. Or., pp. 45, 47.
In Grevillea, v. 11, p. 117, 1874, n° 22.

Châlons. — Imp. F. Thouille.

DU MÊME AUTEUR :

Lichens du département de la Marne, 1875.

Supplément, 1876.

www.ingramcontent.com/pod-product-compliance
Lightning Source LLC
LaVergne TN
LVHW012010160826
845678LV00002B/761
* 9 7 8 2 3 2 9 6 6 4 0 7 1 *